www.ingramcontent.com/pod-product-compliance
Lightning Source LLC
Chambersburg PA
CBHW030946240526
45463CB00016B/1979
* 9 7 8 1 6 5 8 5 4 5 0 9 9 *